Alexander Berg

Verhalten von Kupfer(II)-Ionen in ionischen Flüssigkeiten

Properties of copper(II) - ions in ionic liquids

GRIN Verlag

Bibliografische Information der Deutschen Nationalbibliothek:

Die Deutsche Bibliothek verzeichnet diese Publikation in der Deutschen National-
bibliografie; detaillierte bibliografische Daten sind im Internet über http://dnb.d-
nb.de/ abrufbar.

Impressum:

Copyright © 2013 GRIN Verlag GmbH
Druck und Bindung: Books on Demand GmbH, Norderstedt Germany
ISBN: 978-3-656-59226-6

GRIN - Your knowledge has value

Der GRIN Verlag publiziert seit 1998 wissenschaftliche Arbeiten von Studenten, Hochschullehrern und anderen Akademikern als eBook und gedrucktes Buch. Die Verlagswebsite www.grin.com ist die ideale Plattform zur Veröffentlichung von Hausarbeiten, Abschlussarbeiten, wissenschaftlichen Aufsätzen, Dissertationen und Fachbüchern.

HUMBOLDT-UNIVERSITÄT ZU BERLIN
MATHEMATISCH - NATURWISSENSCHAFTLICHE FAKULTÄT I
INSTITUT FÜR CHEMIE

Verhalten von Kupfer(II) - Ionen in ionischen Flüssigkeiten

Properties of copper(II) - ions in ionic liquids

Bachelorarbeit

ZUM ERWERB DES AKADEMISCHEN GRADES
BACHELOR OF SCIENCE

vorgelegt von
Alexander Berg

angefertigt am Institut für Chemie der Humboldt-Universität zu Berlin
Berlin, den 07. August 2013

Abkürzungsverzeichnis

A, A_{xx}	Hyperfeinkopplungs-Konstante
But	Butyl
DTA	Differential – Thermo - Analyse
ESR	Elektronenspinresonanz
Et	Ethyl
g	g - Faktor
Hex	Hexyl
Il	Ionic liquid, ionische Flüssigkeit
Ils	Ionic liquids, ionische Flüssigkeiten
Im	Imidazolium
Me	Methyl
Pc	Phtalocyanin
Prop	Propyl
rpm	rotation per minute
TG	Thermogravimetrie

Inhaltsverzeichnis

I Einleitung

Bei Betrachtung eines idealisierten Kochsalzkristalls ist festzustellen, dass die kubische Anordnung wesentlich auf die Größe der Na^+ - Ionen und Cl^- - Ionen zurückgeht. Daraus resultiert ein starres Kristallgitter aus sechsfach koordinierten Chlorid-, und Natrium - Ionen.[1&2] Aufgrund dieser Salzstrukturen und der Anordnung der Ionen haben beispielsweise Kochsalz, Kaliumphosphat, und Magnesiumoxid Schmelzpunkte von 801 °C über 1340 °C bis 2400 °C.[3] Im Gegensatz zu diesen Salzen besitzt das Ethylammoniumnitrat einen Schmelzpunkt von ca. 12 °C.[4] Wird die Struktur des Ethylammoniumnitrats (Abbildung 1) betrachtet, fällt auf, dass das Kation ($C_2H_5NH_4^+$) größer als das Anion (NO_3^-) ist. Dieser sterische Sachverhalt trägt wesentlich dazu bei, dass das Salz bei Raumtemperatur flüssig ist.[5]

Paul Walden, bekannt durch die Walden'sche Umkehrung, synthetisierte am Anfang des 20. Jahrhunderts erstmalig Ethylammoniumnitrat und somit die erste bekannte ionische Flüssigkeit (II).[6]

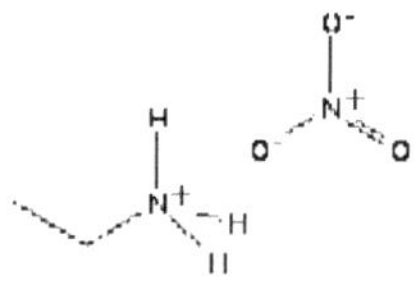

Abbildung 1:
Ethylammoniumnitrat

Die Bedeutung dieser Stoffklasse lässt sich anhand der Anzahl von Publikationen in den vergangenen Jahren festmachen. Somit stieg die Anzahl im Jahre 1999 von ca. 500 bis auf knapp 3000 im Jahr 2007.[7] Viele Publikationen beschäftigen sich mit den ionischen Flüssigkeiten (Ils) als Lösungsmittel, Katalysatoren, Elektrolyte oder mit deren Stoffeigenschaften.[8&9&10]

Die BASF verwendet ein Verfahren, in dem ionische Flüssigkeiten eingesetzt werden. In Synthesen entstehen unter anderem Säuren als Nebenprodukte, welche mit Zugabe von Basen neutralisiert werden müssen. Dadurch „entstehen feste Salze, die bei der Produktion in großem Maßstab Probleme bereiten."[11] Mit der BASIL™-Technologie („Biphasic Acid Scavenging Utilizing Ionic Liquids"), können die entstehenden Salze in ihrer flüssigen Phase abgeführt werden.[11]

Die Firma Io-Li-Tec bietet Ils an, welche für die Elektrochemie interessant sein können. Sie wirbt mit Eigenschaften wie zum Beispiel: „elektrische Leitfähigkeit, elektrochemische Stabilität (breites elektrochemisches Fenster), Unbrennbarkeit bzw. schwere Entflammbarkeit und sehr niedrige Dampfdrücke."[12] Damit wirbt Io-Li-Tec für Einsatzmöglichkeiten in beispielsweise Batterien, Brennstoffzellen und Kondensatoren.

Eine weitere Anwendung für ionische Flüssigkeiten findet sich in der der Elektrolyt-Forschung für zum Beispiel Lithium-Ionen-Akkumulatoren. Die derzeitigen Elektrolyten stellen den Hauptanteil der Gesamtmasse der Akkuzellen. Des Weiteren soll durch den Einsatz der Flüssigkeiten die Lithium-Wasser-Reaktion unterbunden werden.[13] Ebenso forscht ein Fraunhofer - Institut an der „Materialentwicklung – ionische Flüssigkeiten als Elektrolyt." Die aktuellen Problemfelder beim Einsatz der ionischen Flüssigkeiten stellen unter anderem die hohe Viskosität bei tiefen Temperaturen, die Löslichkeit des Lithiums in der Flüssigkeit sowie Stabilitätsprobleme dar.[14]

Auch für die Synthese von Nanomaterialien sind die Flüssigkeiten aufgrund ihrer Lösungsmitteleigenschaften „[...]besonders interessant." Variable Polarität, niedrige Grenzflächenspannung und Thermostabilität sind Eigenschaften, welche die Bezeichung der Stoffklasse als „Designer Solvents" rechtfertigen.[15]

Erfahrungen zur ESR an Lösungen von stabilen Radikalen bzw. Fe^{3+}-Verbindungen in Ils lagen dem Arbeitskreis bereits vor. Dabei konnten die radikalischen Systeme genutzt werden, Reorientierungs- und Austauschprozesse bei $T \geq 300$ K zu untersuchen. Die Fe^{3+} - Spezies erwiesen sich als geeignet, im Wesentlichen bei 77 K anhand der ESR - Feinstruktur Aussagen über die Solvatation und die Kompartimentierung in Ils zu liefern.

Im Unterschied zu den genannten paramagnetischen Sonden sind Cu^{2+} - Ionen (S= 1/2) prinzipiell geeignet, sowohl bei 300 K, als auch bei 77 K auswertbare ESR - Spektren zu liefern.

Bezüglich der ESR an Lösungen von Cu^{2+}- Ionen in Ils lagen im Arbeitskreis bisher keine Erfahrungen vor. Des Weiteren finden sich kaum Hinweise in der Literatur zum Thema Cu^{2+} - Ionen in Ils. Die steigende Bedeutung der Ils rechtfertigen weitere Untersuchungen auf dem Gebiet.

Zielstellung dieser Arbeit ist es:

- Erarbeitung von geeigneten Methoden, um Cu^{2+} molekular in Lösung zu bringen, ESR - Messungen durchzuführen und die gelieferten Spektren zu simulieren.

- Aussagen zum Lösungs- und Reaktionsverhalten der Ionen in ausgewählten Ils zu erhalten.

2 Allgemeiner Teil

2.1 Charakterisierung des Zustandes ionischer Flüssigkeiten

In der Literatur gelten ionische Flüssigkeiten als geschmolzene Salze, welche ihren Schmelzpunkt unter 100 °C besitzen. Ist die Substanz bei Raumtemperatur flüssig, so werden auch Bezeichnungen wie Room-temperatur ionic liquids (RTIL), ambient-temperature ionic liquid, low melting salt, neoteric solvent oder auch designersolvents verwendet. [16 & 17 & 18 & 19]

Ausgehend von den Kationen ordnet B. Kirchner[19] die Ils in sechs Gruppen ein: fünfgliedrige heterozyklische Kationen, sechsgliedrige und benzo - kondensierte heterozyklische Kationen, ammonium-, phosphonium- und sulfonium - basierte Kationen, funktionalisierte Kationen und chirale Kationen. Analog dazu teilt er die Ils in sechs verschiedene Anionen-Gruppen ein.

Im Folgenden werden einige Charakteristika der Ils erläutert. Zu bestimmten Merkmalen werden die Aussagen von Publikationen herangezogen. Es wird sich zeigen, das unter anderem die Größe, Struktur und Ladung der Ionen entscheidend für die Eigenschaften bzw. das Verhalten der Ils ist.

Nach M. Freemantle ist die Dichte der Ils im Vergleich zu Wasser höher. Des Weiteren steigt die Dichte mit sinkender Alkyl - Kette oder weniger sperrigen Kationen. Dieser Sachverhalt wird dadurch begründet, dass die Verringerung der sterischen Behinderung zu einer dichteren „Packung" der Teilchen führt. Sind die Teilchen eher klein und kugelförmig, so führt das zu einer dichten, energetisch günstigeren Zusammensetzung der Komponenten, da die wirkenden Coulomb'schen Wechselwirkungen mit kleinerem Teilchenabstand größer werden.[20] Wird die Temperatur erhöht, so verringert sich die Dichte, jedoch ist der Temperatureinfluss gering.[21] Die Größe der Anionen und Kationen hat außerdem Auswirkungen auf den Schmelzpunkt.

Aus einer Publikation von P. Wasserscheid und W. Keim[10] geht hervor, dass die Ladungsverteilung, die niedrige Symmetrie und die moderaten Wechselwirkungen unter den Komponenten hauptverantwortliche Kriterien für den Schmelzpunkt sind. Beispielsweise ist der Schmelzpunkt von [EtMeIm]Cl bei 87 °C, wohingegen das [EtMeIm]AlCl$_4$, welches ein größeres Anion besitzt, bei 7 °C schmilzt. Erwartungsgemäß führt eine Vergrößerung des Kations ebenfalls zu einer Schmelzpunkterniedrigung. Das wird im Vergleich von [ButMeIm]Cl (65 °C) und [EtMeIm]Cl (87 °C) deutlich. Tabellen 1 und 2 sind exemplarisch Einflüsse der Ionen-Größe auf die Schmelzpunkte zu entnehmen. Die erste Tabelle zeigt, dass der Einsatz eines organischen Kations deutlichen Einfluss auf den Schmelzpunkt hat.

Anion [X⁻]	Radius R (in Å)	Schmelzpunkt (°C)	
		NaX	[EtMeIm]X
Cl⁻	1,7	801	87
BF₄⁻	2,2	384	6
PF₆⁻	2,4	> 200	6
AlCl₄⁻	2,8	185	7

Tabelle 1: Einfluss der Ionenradien auf den Schmelzpunkt, $R(Na^+)=1,2$ Å, $R([EtMeIm]^+)=1,2$ Å[22]

Anion [X⁻]	Schmelzpunkt (°C)
Br⁻	81[23]
I⁻	79-81[23]
NO₃⁻	38[24]
NO₂⁻	55[24]
GaCl₄	47[25]

Tabelle 2: [EtMeIm]X Salze und ihre Schmelzpunkte

Die Bezeichnung der Ils als „ designer solvents", lässt sich mit Hilfe der Größenvariation der Ionen der Schmelzpunkt nahezu beliebig bzw. kontinuierlich einer bestimmten Synthesentemperatur anpassen.

Soll eine größenunabhängige Senkung des Schmelzpunktes erzielt werden, so ist es möglich durch die ungleichmäßige Variation der Seitenketten die Symmetrie zu senken. Darüber hinaus kann der Effekt durch eine eutektische Mixtur gesteigert werden. Wird beispielsweise [EtMeIm]Cl AlCl₃ im Stoffmengenverhältnis 1:2 beigemischt, so senkt sich der Schmelzpunkt auf -96 °C. Das ist eine Senkung von 183 °C, verglichen mit der reinen Komponente [EtMeIm]Cl.

Das Vorhandensein von Wasserstoffbrücken in ionischen Flüssigkeiten geht aus einer Veröffentlichung der Zeitschrift Angewandte Chemie[26] hervor. Darin heißt es, dass die Ausbildung von Wasserstoffbrücken von deutlichem Einfluss auf die Eigenschaften von Ils ist.

Die Viskosität von Ils hängt im Wesentlichen von der Größe des Kations ab. Mit zunehmender Größe steigt beispielsweise die Resistenz des Flusses.[20] Ein weiterer Einfluss geht auf die Wasserstoffbrücken und auf die van - der - Waals - Wechselwirkungen zurück. Allgemein gilt: je stärker die Wechselwirkungen zwischen den molekularen Subeinheiten, umso stärker steigt die Viskosität.

Eine weitere Charakteristik der Ils ist der Dampfdruck. Der Dampfdruck hängt nach der Clausius

Clapeyron'schen Gleichung (Gleichung 2) von der Temperatur ab. Die durchgeführte Thermoanalyse (vgl. Kapitel 3.2.3) zeigte beispielsweise, dass je nach Zusammensetzung bereits unter 100 °C eine Verdampfung einsetzen kann. Ein geringer Dampfdruck ist hilfreich, wenn die Produkte einer Synthese destillativ getrennt werden. Dadurch kann gegebenenfalls eine größere Ausbeute erzielt werden und der Energieaufwand kann gering gehalten werden.[10] Dadurch, dass die Stoffe kaum in die Gasphase übertreten, entsteht eine geringe Luftverschmutzung und darüber hinaus können keine schädlichen Substanzen über die Luft übertragen werden.

In Bezug auf den Dampfdruck haben Ils den organischen Lösungsmitteln einen wesentlichen Vorteil, sie sind nicht flüchtig und verringern dadurch ihren Verbrauch als Lösungsmittel. Die damit einhergehenden Kosten werden gesenkt, da die Ils wieder gereinigt werden können.[27] Unter Umwelt – und Nachhaltigkeitsgesichtpunkten können Ils ihren Beitrag im Lösungsmittel- und Katalysatorverbrauch leisten. [10 & 28]

$$\text{Clausius Clapeyron'sche Gleichung:} \qquad \frac{dp}{dT} = \frac{\Delta H}{\Delta V \cdot T} \qquad (2)$$

2.2 Die ESR - Methode

Die Messmethode der Elektronenspinresonanzspektroskopie geht auf das Jahr 1944 zurück und wurde von Jewgeni Konstantinowitsch Sawoiski begründet. Das Prinzip besteht darin, dass Stoffe mit ungepaarten Elektronen in einem äußeren Magnetfeld Hochfregenzenergie absorbieren. Ziel ist es, Aussagen über die Struktur von paramagnetischen Molekülen oder Kristallen zu erhalten. Außerdem lassen sich aus den aufgenommenen Spektren Informationen zu Kernmomenten sowie chemischen Reaktionen gewinnen.[29]

Untersuchungsobjekte können die „[...] freien Radikale, Biradikale, Moleküle im Triplettzustand und die meisten Verbindungen der Übergangselemente [...]"[30] sein. Das angelegte äußere homogene Magnetfeld erzeugt für die X - Band ESR eine magnetische Induktion B von etwa 330 mT. Neben den X - Band - Messungen (9,3 GHz) , wurden weitere Informationen aus den L - Band - Messungen (1,4 GHz) herangezogen.[31]

2.2.1 Aufbau eines einfachen Elektronenspinresonanzspektrometers

Im Folgenden werden die Bauteile und deren Funktionen eines Elektronenspinresonanzspektrometers beschrieben.

Ein *Klystron* dient der Erzeugung elektromagnetischer Strahlung. Das erfolgt dadurch, dass ein Elektronenstrahl durch einen internen Hohlraumresonator verläuft, wobei die Geschwindigkeit und Dichte der Elektronen in der Art verändert werden, dass einzelne „Elektronenpakete" abgegeben werden.[32]

Im *Hohlraumresonator* einer Mikrowellenbrücke findet eine Verstärkung des elektrischen und magnetischen Feldes statt. Aus kleinen elektrischen Wirkleistungen werden große elektrische und magnetische Felder aufgebaut.[33]

Modulationsspulen. Durch die Effektmodulation ergibt sich eine Steigerung der Empfindlichkeit insofern, dass die ESR - Signale bezügliche der Modulationsfrequenz und Phase kodiert werden und bei der phasenempfindlichen Gleichrichtung die Rauschanteile zurückgedrängt werden.[33]

Der im Vergleich zu den anderen Bauteilen große *Elektromagnet* erzeugt ein starkes homogenes Magnetfeld, worin sich die zu untersuchende Probe befindet und welches für die X - Band ESR bei 3500 G (350 mT) liegt. Je größer der Polschuhdurchmesser eines solchen Magnetes ist, desto homogener kann das erzeugte Magnetfeld geschaltet werden.[33]

Der *Verstärker* und der *Oszillograph* sind wesentliche Bestandteile, um die Signale darstellen bzw. auswerten zu können.[33]

Die *Hohlleiter* haben die Funktion der effektiven und definierten Mikrowellenweiterleitung und die *Mikrowellenbrücke* nutzt den Vorteil aller Brückenschaltungen; d.h. es gelangt im Wesentlichen nur das Signal auf den Detektor.[33]

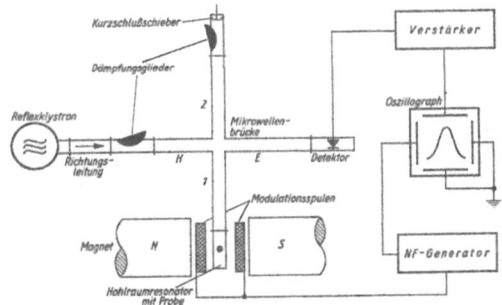

Abbildung 2: Aufbau eines einfachen ESR - Spektrometers[32]

2.2.2 Resonanzbedingungen und Messprinzip

In der ESR können nur Substanzen detektiert werden, welche ungepaarte Elektronen enthalten. Zum einen ist das bei paramagnetischen Ionen der Übergangselemente der Fall und zum anderen bei Radikalen oder Radikalionen.[34] Elektronen besitzen einen Spin von S= 1/2 .[35] Wird ein

Elektron in ein äußeres Magnetfeld eingebracht, so richtet sich der Spin entweder parallel oder senkrecht zum angelegten Magnetfeld aus. Die daraus resultierende Aufspaltung und Verschiebung der Energieniveaus wird Zeeman-Effekt genannt. Das Elektron erhält M= 2S+1 Einstellungsmöglichkeiten für seinen Spin. Mit Hilfe von Mikrowellen werden Übergänge zwischen den Energieniveaus induziert.

Abbildung 3 veranschaulicht den Fall der Resonanzenergie, welche aufgebracht werden muss, um Übergänge zu induzieren. [31 & 36]

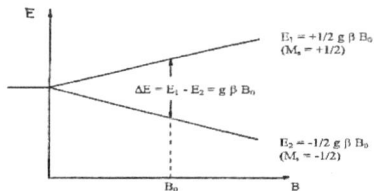

Abbildung 3: Aufspaltung der Spinniveaus in Abhängigkeit von B.[31]

Die Parameter h,υ,β und B_0 der Gleichung (3) sind entweder bekannt oder können direkt den Messungen entnommen werden.

Resonanz tritt genau dann auf, wenn die Gleichung (3) erfüllt ist.

$$\Delta E = h \cdot \upsilon = g \cdot \beta \cdot B_0 \qquad (3)$$

(g: g - Faktor, β: Bohrsches Magneton, B_0: Magnetische Induktion [T])

Der g - Faktor, welcher charakteristisch für jede Probe ist, lässt sich durch Gleichung 3 bestimmen. Der g - Faktor eines freien Elektrons ist gleich 2,00232. Da ein nicht freies Elektron mit seiner Umgebung wechselwirkt, wird in Gleichung (3) nicht der g - Faktor mit 2,00232 mit einbezogen, sondern wird mit Hilfe der Parameter υ und B berechnet. Daraus lassen sich Rückschlüsse auf die Wechselwirkung mit anderen Elektronen oder Kernen in der Umgebung schließen, woraus Informationen zur Struktur abgeleitet werden können.[20 & 21]

Um Aussagen über eine bestimmte Probe machen zu können, wird diese so präpariert, dass sie möglichst rein gemessen werden kann. Für die ESR werden für gewöhnlich feste oder flüssige, zum Teil auch gasförmige, Substanzen untersucht. Diese werden in ein unten geschlossenes Quarzrohr gefüllt, welches dann im Resonator platziert wird. Mit Hilfe der Frequenzmodulation des Mikrowellengenerators wird vor jeder Messung das Absorptionsmaximum des belasteten Resonators ermittelt. Nachdem der Signalverstärker und die Effektmodulation konfiguriert sind, wird ein B_0 - Bereich innerhalb einer bestimmten Zeit durchlaufen. Währenddessen wird die Probe Mikrowellen einer bestimmten Frequenz und Intensität ausgesetzt. Tritt der Fall der Resonanz ein (Gleichung 3), so ist dies im Spektrum (Signalintensität = f(B)) in Form der ersten Ableitung einer Lorentz- oder Gaußkurve beobachtbar. Die erste Ableitung des Spektrums kann eine bessere spektrale Auflösung und somit detaillierte Informationen liefern.[37]

2.2.3 Spektrale Parameter

Informationen, welche direkt dem Spektrum entnommen werden können, sind über spektrale Parameter zugänglich. Zum einen ist die Linienanzahl von Bedeutung. Sie lässt Rückschlüsse auf den Kernspin und die Anzahl verschiedener freier Elektronen zu. Des Weiteren ist die Linienlage interessant, denn diese ist Voraussetzung für die Bestimmung des g-Faktors. Außerdem lässt sie Aussagen zur Ausprägung der Hyperfeinaufspaltung zu. Werden Spektren beispielsweise bei unterschiedlichen Temperaturen aufgenommen, so ändern sich Linienbreite, Linienform und gegebenenfalls die Linienposition.

Eine Feinstruktur kommt dann zustande, wenn die Energieniveaus der Elektronen bereits ohne äußeres Magnetfeld aufgespalten werden. Das ist zum Beispiel der Fall, wenn zwei Elektronen miteinander magnetisch wechselwirken.

Die Hyperfeinaufspaltung beschreibt die Wechselwirkung eines ungepaarten Elektrons mit dem zugehörigen Kern oder einem Kern der Umgebung. Die Folgerung daraus ist eine Aufspaltung in mehrere Linien, die symmetrisch angeordnet sind.

Die Multiplizität M ist vom Kernspin I abhängig und die Anzahl der Linien ergibt sich durch die Gleichung :

$$M = 2 \cdot I + 1 \ . \tag{4}$$

In der festen, kristallinen Phase liegen Cu^{2+}- Ionen oft sechsfach-koordiniert vor. Dabei können sich axiale, rhombische oder kubische Anordnungen ausbilden. Der zu bestimmende g - Faktor der Spezies ist von der Struktur abhängig und anisotrop, da sich das elektronische magnetische Moment entweder parallel oder senkrecht zum äußeren Magnetfeld einstellt. Der g - Faktor spaltet sich im axialen Fall in $g_{||}$ und $g\perp$ auf.

Im Oktaeder kann die quadratische Grundfläche als x - y - Ebene festgelegt werden. Die dazu senkrecht stehende Verbindungslinie, welche durch die äußersten zwei Punkte des Oktaeders verläuft, wird als z - Achse bezeichnet. Dadurch lässt sich der g - Faktor mit bestimmten

Raumrichtungen in Verbindung bringen.[38]

Es ergeben sich aus den verschiedenen g-Komponenten folgende Beziehungen für eine oktaedrische bzw. verzerrt oktaedrische Anordnung.:

$$kubisch - symmetrisch: g(x) = g(y) = g(z)$$

$$axial - symmetrisch: g(x) = g(y) = g_\perp \text{ und } g(z) = g_{||}$$

$$rhombisch - symmetrisch: g(x) \neq g(y) \neq g(z)$$

2.2.4 ESR an Cu²⁺ - Ionen in DMSO - Lösungen

Dieser Abschnitt dient der Veranschaulichung der spektralen Muster der ESR am Beispiel von Lösungen von Cu^{2+} - Ionen in Dimethylsulfoxid (DMSO). Die Messungen wurden im X - Band bei 77 K, 293 K und T $\geq$ 393 K durchgeführt.

Die Abbildungen 4, 6 und 8 stellen die Spektren von $CuCl_2$ in DMSO bei verschiedenen Temperaturen dar. Die Messung bei 77 K lieferte ein Vier - Linien - Spektrum im Niederfeldbereich und ein intensives Signal bei g ~ 1,97. Bei 293K und 410 K war der g - Faktor bei ~ 2,25. Bei 77 K bewegen sich die Teilchen nur noch in geringem Maße und Signale werden infolge der anisotropen Kopplungen aufgespalten. Je höher die Temperatur, desto stärker werden die anisotropen Anteile ausgemittelt. Das Spektrum bei Raumtemperatur lieferte eine breite Linie, welche nur noch teilweise aufgespalten ist. Bei ca. 410 K lieferte die Messung ein unaufgespaltenes Signal. Die vier kleinen, symmetrisch angeordneten Signale (bei 255 - 295 mT) besitzen eine unterschiedliche Linienbreite, jedoch ist deren Integral ähnlich groß (Abbildung 5).

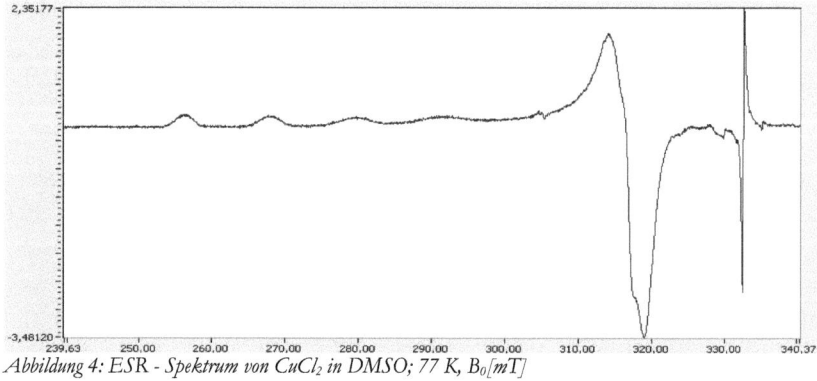

Abbildung 4: ESR - Spektrum von $CuCl_2$ in DMSO; 77 K, $B_0[mT]$

12

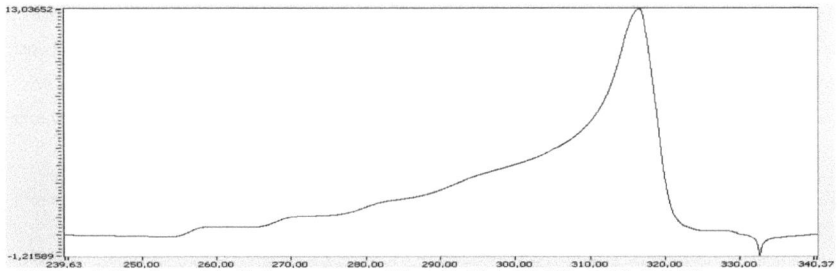

Abbildung 5: Das Integral des Spektrums entspr. Abb. 4 (CuCl₂ in DMSO; 77 K), B₀[mT]

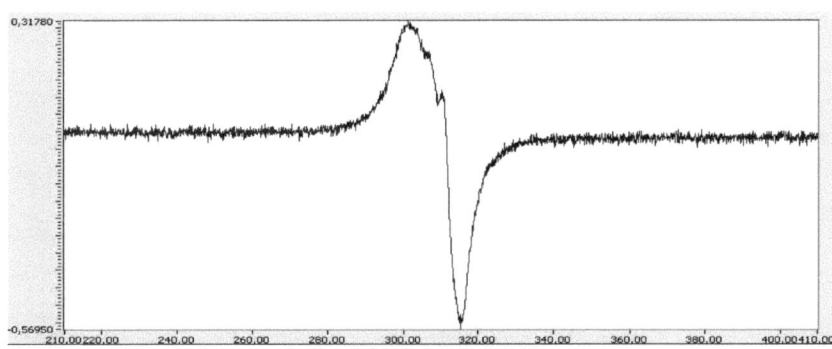

Abbildung 6: ESR - Spektrum von CuCl₂ in DMSO; 293 K, B₀[mT]

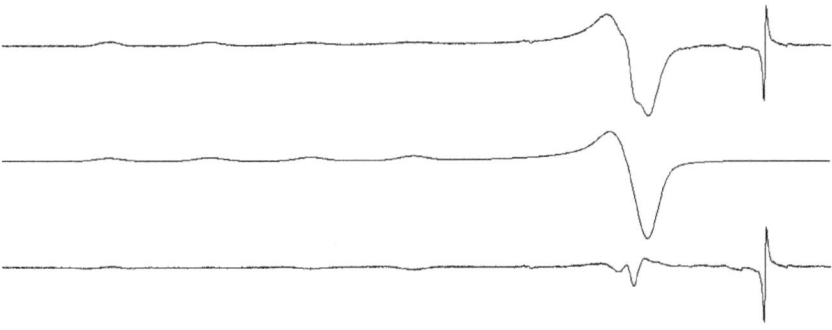

Abbildung 7: ESR - Spektrum von CuCl₂ in DMSO; 77 K, B₀[G], Simulation und Differenz

Die Signalintensitäten nahmen entsprechend dem Curie - Gesetz mit zunehmender Temperatur ab. Die verwendeten Resonatoren besaßen unterschiedliche Empfindlichkeiten. Der Resonator mit der Temperiereinrichtung zeigte stärker verrauschte Signale als der Resonantor für Tief - Temperatur - Messungen. Ebenso stieg das Rauschen bei steigender Temperatur. Dieser Sachverhalt findet sich auch in der Literatur wieder.[39]

Abbildung 7 zeigt das aufgenommene Spektrum (77 K) und das simulierte Spektrum (Programm SimFonia, Firma Bruker). Der dritte Graph ist die Differenz der beiden Spektren. Zu der nachstehenden Tabelle (Tabelle 3) sind die dazu verwendeten Parameter zusammengefasst.

	g - Faktoren			Hyperfeinkopplungs-konstante A			Linienbreiten in Richtung			Gauß – Lorentz - Verhältnis
	g(x)	g(y)	g(z)	A(xx)	A(yy)	A(zz)	x	y	y	
77 K	1,97	1,97	2,6	25	0	235	47	47	60	0,01

Tabelle 3: Zur Simulation verwendete Parameter für das ESR - Spektrum von CuCl$_2$ in DMSO; 77 K

Anhand der ermittelten g - Komponenten kann ein axial - symmetrischer Koordinationspolyeder erschlossen werden. Die Hyperfeinkopplungs-Konstante A steht in Beziehung zur Spindichte am koppelnden Kern.[40]

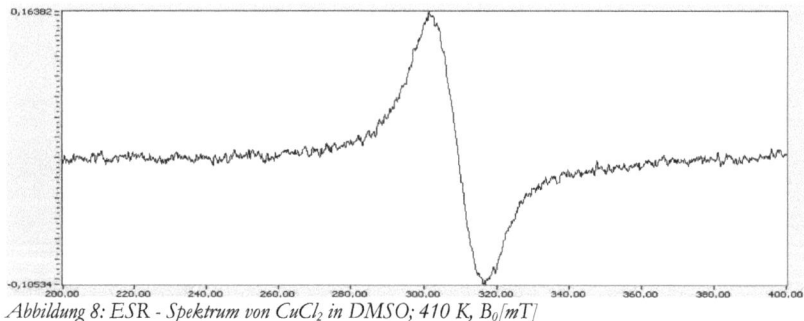

Abbildung 8: ESR - Spektrum von CuCl$_2$ in DMSO; 410 K, B$_0$[mT]

3 Experimenteller Teil

3.1 Mittel

Die ESR - Spektroskopie ist das Haupthilfsmittel dieser Arbeit zur Untersuchung der Stoffe. Dazu wurden die X - Band ESR 300 mit entsprechender Mikrowellenbrücke (B$_0$ ~ 300 mT, ν ~ 9

GHz) und L - Band ESR ($B_0 \sim$ 50 mT, $\nu \sim$ 1,4 GHz) verwendet (ZWG Berlin, Magnettech Ldt. Berlin). Für die Messungen bei 77 K stand ein Quarz - Dewar zur Verfügung, sowie ein Heizresonator für Messungen T $\geq$ 293 K.

Darüber hinaus wurde die Thermoanalyse genutzt, um weitere Aussagen zum Verhalten der Lösungen zu gewinnen. Das verwendete Gerät stammt von der Firma NETZSCH, Gerätename: STA 409 CD.

Die Simulationen wurden mit WINEPR Simfonia (Version 1.25, 1996) der Firma Bruker durchgeführt. Analysis (Firma Magnettech) wurde zur Spektrenbetrachtung und g - Wert - Berechnung verwendet.

Zur Probenpräparation wurden unter anderem eine Planetenmühle (Pulveristette 7; Firma Fritsch) benutzt, um den Lösungsvorgang des Salzes mechanisch zu unterstützen. Eine weitere Möglichkeit besteht in der Wärmezufuhr. Dazu wurden drei Varianten getestet. Zum einen wurden die Stoffgemische im Reagenzglas einer direkten Bunsenbrennerflamme ausgesetzt. Der Nachteil an dieser Vorgehensweise ist, dass die Reproduzierbarkeit nicht gegeben ist. Außerdem führt diese Wärmeeinwirkung zu sehr hohen Temperaturgradienten zwischen Wand und Substanzen, was keine Aussage zu bestimmten Temperaturen zulässt. Der Vorteil besteht darin, dass sich viele der verwendeten Salze möglicherweise unter Zersetzungserscheinungen lösen.

Die zweite Möglichkeit besteht darin, die Proben im temperierten Wasserbad zu positionieren und genaue Temperaturen einzustellen. Das lässt sich reproduzieren und die Temperatur kann konstant gehalten werden. Es können Temperaturen bis ca. 100 °C erreicht werden.

Ein Ofen (Furnance 47900, Heizgerät der Firma Thermoline) stellt eine dritte Temperierungsmöglichkeit dar. Der verwendete Ofen ist programmierbar und stickstoffgespült. Außerdem sind Temperaturen möglich, die weit über die thermische Stabilität der Ils hinaus gehen.

Als ionische Flüssigkeiten standen [ButMeIm]Cl (ROTH), [HexMeIm]BF_4 (Io-Li-Tec), [MePropIm]PF_6 (Io-Li-Tec), [HexMeIm]PF_6 (Io-Li-Tec), [EtNH4]NO_3 (ROTH), [EtMeIm]MeF$_3$HSO$_3$ (MERCK) zur Verfügung.

Die untersuchten Salze waren $MnCl_2$, Mn(Ac)$_2$, MnPc, CuI_2, Cu(Ac)$_2$, $CuCl_2$, $CuCl_2 \cdot 2H_2O$, Cu(I) (BF$_4$)$_2$, Cu(PF$_6$)$_2$, CuPc, welche in ausreichender Reinheit vorlagen.

3.2 Durchführung der Messungen

Am Anfang des Bearbeitungszeitraums stand im Wesentlichen das Wahrnehmen und Verstehen der Messmethode, sowie das Interpretieren einfacher Spektren im Vordergrund. Die ersten Ils, welche vermessen wurden, waren [ButMeIm]Cl (Abbildung 10) und [HexMeIm]BF₄ (Abbildung 11). Erstere besitzt einen Schmelzpunkt von 70 °C, während die zweite IL bei -82 °C schmilzt.[41 & 42] Beobachtungen ergaben, dass das [ButMeIm]Cl stark hygroskopisch und nicht geruchsneutral ist. Die wasserbindende Eigenschaft war deutlich zu sehen, denn nach kurzer Zeit an der Luft lag das [ButMeIm]Cl flüssig vor.

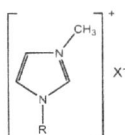

Abbildung 9: Imidazolium - basierte Struktur einer Il[44]

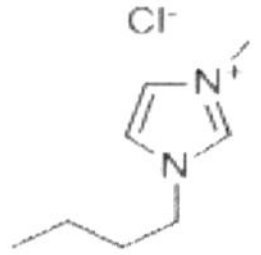

Abbildung 10: 1-Butyl-3-methylimidazoliumchlorid [ButMeIm]Cl[41]

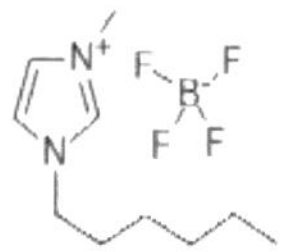

Abbildung 11: 1-Hexyl-3-methylimidazolium-tetrafluoroborat ([HexMeIm]BF₄)[42]

Die beiden Flüssigkeiten besitzen jeweils eine Methylgruppe in der Position 3. Sie unterscheiden sich im Anion und in der Alkyl - Kette. Aus der Vergrößerung des Kations oder Anions resultiert eine Schmelzpunkterniedriedrigung, was der Vergleich der beiden Substanzen bestätigt.

Schwierigkeiten zeigten sich unter anderem bei der Probenpräparation. Teilweise kristallisierte die Lösung (Il + Kupfer(II) - Salz) aus, bevor sie beispielsweise in einen Eppendorfbehälter pipettiert wurde. Außerdem führte der Wassergehalt einiger Proben dazu, dass ein erhöhtes Rauschen durch eine Abstimmung des Geräts nicht vermindert werden konnte.

3.2.1 Ergebnisse

Die ersten Messungen dieser Verbindungen wurden mit Zusatz von Cu(Ac)₂, CuI₂ , Mn(Ac)₂ , MnCl₂ durchgeführt. Dazu dienten kleine Reagenzgläser zum Lösen und Mikrokapillarröhrchen zum Messen. Mikrokapillarröhrchen halten die dielektrischen Verluste im Resonator gering. Mit Knete wurden die Röhrchen verschlossen.

Um die Kupfer- und Mangan(II)salze besser molekular zu lösen, wurden die Stoffgemische für mehrere Minuten bei 100 bis 700 rpm (Umdrehungen pro Minute) in Achatbechern mit Achatkugeln in der Planetenmühle gemahlen. Ein deutlicher Effekt bezüglich der Bildung

16

gelöster monomerer Spezies konnte nicht festgestellt werden. Gereinigt wurden die Gefäße mit Seesand und Wasser, wobei diese Mixtur mit den Kugeln mehrmals vermahlen wurden.

Von den untersuchten Metallsalzen wurde in [HexMeIm]BF$_4$ nur vom Mn(Ac)$_2$ ein ESR - Spektrum , jedoch mit großer Linienbreite erhalten. Auswertbare Spektren ergaben sich sowohl für Cu(Ac)$_2$ und MnCl$_2$ in [ButMeIm]Cl und zwar im Temperaturbereich von 293 - 410 K (siehe Anhang). Eine Ursache für dieses Verhalten ergibt sich aus der unterschiedlichen Löslichkeit der

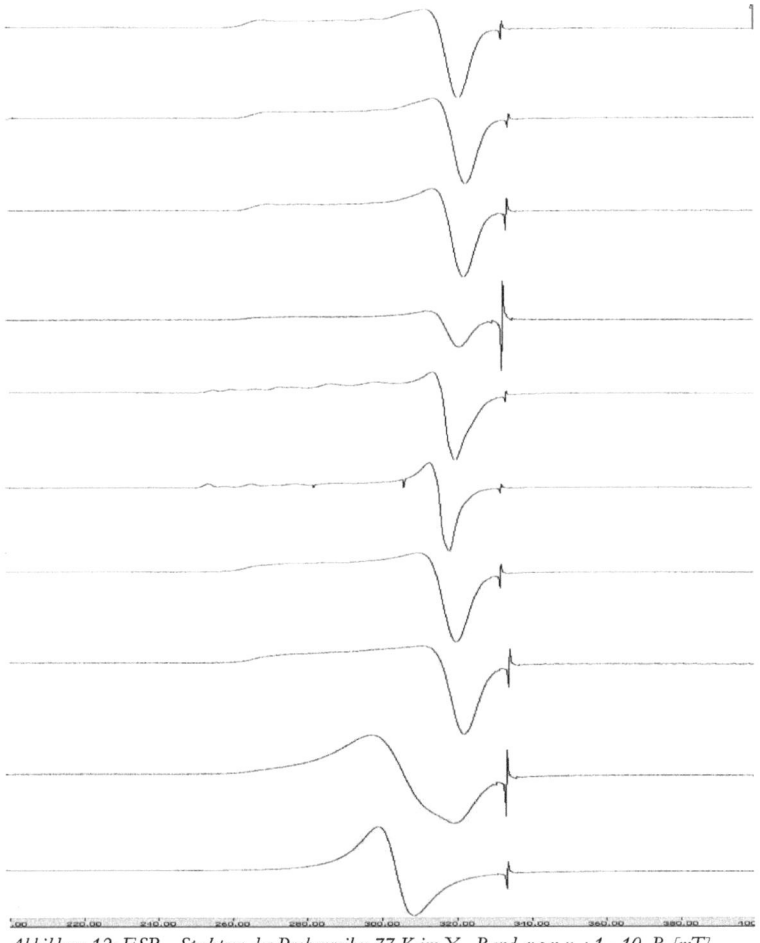

Abbildung 12: ESR - Spektren der Probenreihe; 77 K im X - Band, v.o.n.u. : 1 - 10, B$_0$[mT]

17

Metallsalze.

Um weiteres Erfahrungsmaterial zu sammeln, wurden zusätzlich die Salze: $CuCl_2$, $CuBF_4 \cdot 2H_2O$, CuPc, MnPc, $CuPF_6$ untersucht. Des Weiteren kommen die ionischen Flüssigkeiten [MePropIm]PF_6, [HexMeIm]PF_6, $EtNH_4NO_3$, [EtMeIm]MeF_3HSO_3 hinzu. Tabelle 4 zeigt dazu eine Übersicht, verbunden mit einer ersten Bewertung der erhaltenen Spektren.

Die restlichen Metallsalze CuPc, MnPc und $Cu(PF_6)_2$ ergaben entweder kein auswertbares Spektrum oder wurden nicht gemessen. Ebenso lieferten die Ils [MePropIm]PF_6, [HexMeIm]PF_6, $EtNH_4NO_3$ und [EtMeIm]MeF_3HSO_3 mit allen Salzen keine auswertbaren Spektren oder solche mit sehr großer Linienbreite. Die Kombination [Kation]X$^-$ einer Il und das Salz CuX_Y lieferte im Vergleich zu anderen Kombinationen häufiger auswertbare Spektren. So lösten sich Kupfer(II)tetrafluoroborate besser in [HexMeIm]BF_4 als beispielsweise [MePropIm]PF_6.

Auf Probleme der Löslichkeit von Stoffen in Ils wird in der Literatur immer wieder hingewiesen. Für die genaue Bestimmung der Eigenschaften von Ils hat sich der häufig vorhandene Wassergehalt als störend erwiesen. Bezüglich der Löslichkeit von Metallsalzen kann ein positiver Effekt erwartet werden.

Deshalb wurde im Rahmen der vorliegenden Arbeit untersucht, in welchem Maße ein Wasseranteil den Habitus der Spektren beeinflusst. Dazu wurden jeweils 5 mg $CuCl_2$ in einen 10 ml Eppendorfbehälter eingewogen. Im Anschluss wurde mit jedem weiteren der zehn Behälter mehr [ButMeIm]Cl gegeben und gewogen. Probe 1 besitzt den größten Anteil der ionischen Flüssigkeit im Vergleich zu den restlichen Proben. Abschließend wurde, mit Probe 2 beginnend, jedem Gefäß genau 2 Tropfen Wasser hinzugeführt.

Die Massen und Molenbrüche der jeweiligen Komponenten sind der Tabelle 6 zu entnehmen. Die unterschiedlichen Farben der gesamten Probenreihe sind in der Abbildung 14 dargestellt. Jede Probe liefert ein ESR - Spektrum im X - Band. Für weitere Informationen wurden die Proben im L - Band ($B_0 \sim$ 1,4 GHz, bei 293 K) vermessen. Aufgrund der geringeren Frequenz bei dieser Messmethode entstehen unterschiedliche Spektren im Vergleich zum X - Band ($B_0 \sim$ 9,24 GHz).

Die Abbildung 12 stellt die spektrale Entwicklung in Abhängigkeit des Wasser - [ButMeIm]Cl - Verhältnisses dar. Die Ergebnisse der L - Band Messungen sind in Abbildung 13 zu finden. Die gelieferten Spektren besitzen alle bei $B_0 \sim$ 24 mT einen Peak, welcher dem Resonator zuzuordnen ist. Eine Leer-Messung wurde durchgeführt. Der g-Faktor liegt für alle Spektren bei g $\sim$ 2,2.

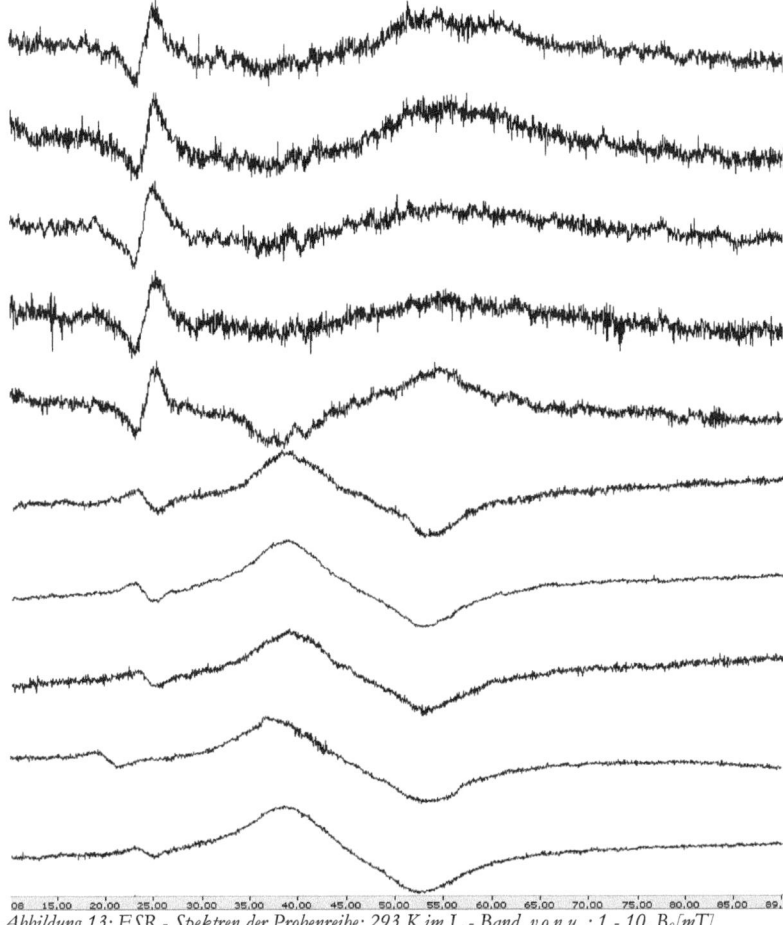

| 08 | 15,00 | 20,00 | 25,00 | 30,00 | 35,00 | 40,00 | 45,00 | 50,00 | 55,00 | 60,00 | 65,00 | 70,00 | 75,00 | 80,00 | 85,00 | 89, |

Abbildung 13: ESR - Spektren der Probenreihe; 293 K im L - Band, v.o.n.u. : 1 - 10, $B_0[mT]$

Wurde $Cu(BF_4)_2$ in [ButMeIm]Cl gelöst, so war eine Gelbfärbung festzustellen. Dem Arbeitskreis stand neben dem kommerziell erworbenen [ButMeIm]Cl auch eine im Institut synthetisierte Il zur Verfügung („Ansatz 5"). Der Wassergehalt von Ansatz 5 war höher, da unter anderem die Viskosität geringer war. Beim Lösen von $Cu(BF_4)_2$ in Ansatz 5 färbte sich die Lösung über grün zu blau/türkis. Bei den Lösungen von $CuCl_2$ in [HexMeIm]BF_4, [MePropIm]PF_6 und [HexMeIm]PF_6 waren Gelbfärbungen zu beobachten.

Ionische Flüssigkeiten	*Salze*	
	CuCl$_2$	Cu(BF$_4$)$_2$·2H$_2$O / Cu(I)BF$_4$
[ButMeIm]Cl	1 – Linien - Spektrum mit Schulter 293 K 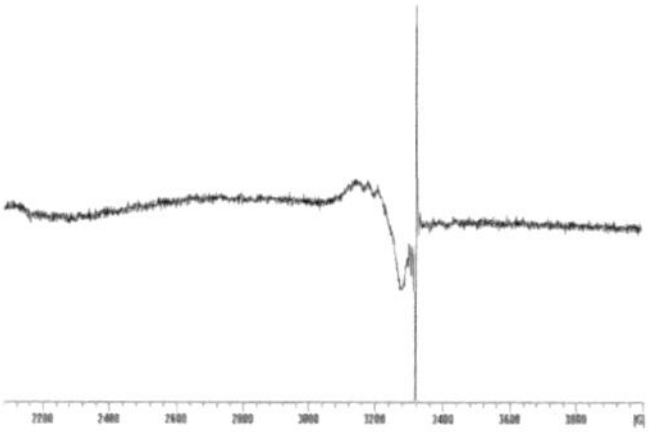	4 – Linien - Spektrum (Erwärmung mit Hilfe des Bunsenbrennerflamme), 77 K 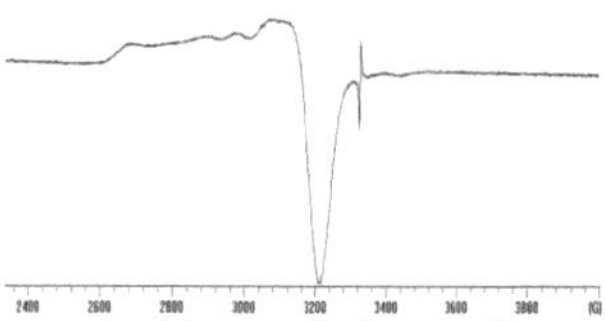
[HexMeIm]BF$_4$	4 - Linen - Spektrum (im Ofen getempert), 293 K 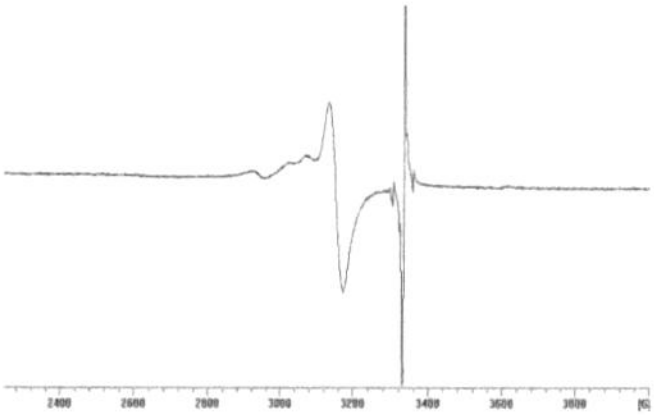	4 – Linien - Spektrum (über Bunsenbrennerflamme erhitzt), 293 K 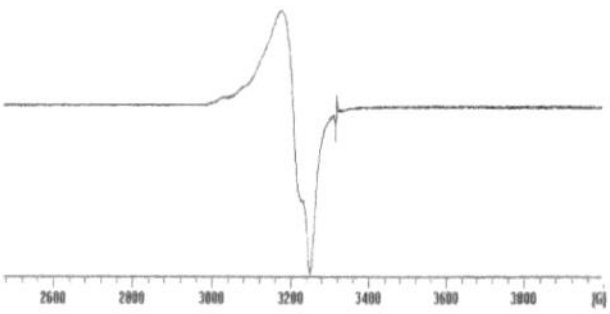

Tabelle 4: Übersicht über die aufgenommenen ESR - Spektren; Signalintensität gegen B$_0$

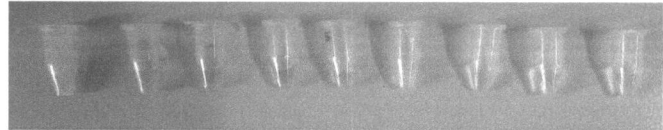

Abbildung 14: Farben der Probenreihe, sinkender IL - Anteil, steigender Wasseranteil (v.l.n.r.)

3.2.2 Simulationsversuche

Die im Kapitel 3.2.1 genannten Proben (77 K) der Probenreihe wurden simuliert. Die Spektren sind zur Veranschaulichung in Abbildung 12 dargestellt. Die Ergebnisse sind tabellarisch dargestellt (Tabelle 5).

Die Simulation der Spektren wurde für die Messungen bei 77 K im X - Band durchgeführt. Dabei wurde darauf geachtet, dass die Linienbreite, Linienform, Linienanzahl, sowie Linienposition des simulierten Spektrum mit dem originalen Spektrum weitestgehend übereinstimmen. Exemplarisch wurde die gesamte Probenreihe simuliert, um herauszufinden, wie sich die Struktur der Cu^{2+} - Umgebung ändert. Proben 5 und 6 wurden ansatzweise simuliert. Die restlichen Spektren konnten relativ gut angenähert werden.

	Probennummer									
	1	2	3	4	5	6	7	8	9	10
A - *Hyperfeinkopplungs-Konstante*										
xx	10	10	10	10	0	0	17	17	17	0
yy	10	10	10	10	0	0	17	17	12	0
zz	100	100	100	100	117	115	100	90	90	0
g - *Faktoren*										
x	2,1835	2,1835	2,18	2,1835	2,195	2,195	2,195	2,18	2,175	2,29
y	2,1835	2,1835	2,18	2,1835	2,195	2,195	2,195	2,18	2,285	2,29
z	2,45	2,45	2,45	2,45	2,485	2,2568	2,45	2,45	2,45	2,29
Linienbreiten										
x	39	39	65	65	46	35	40	50	68	112
y	125	125	65	65	46	35	40	70	68	112
z	80	80	85	85	55	25	75	100	90	65
Gauß-Lorentz-Verhältnis										
	1	1	1	1	0	0	0	0,01	0	0

Tabelle 5: Parameter der Spektrensimulation der H_2O/II - Probenreihe

21

				Probennummer					
1	2	3	4	5	6	7	8	9	10
Masse von $CuCl_2*2H_2O$									
0,005	0,0048	0,005	0,005	0,004	0,0045	0,0042	0,004	0,004	0,005
Masse von H_2O									
0	0,0415	0,086	0,133	0,1767	0,2625	0,3623	0,3215	0,513	0,537
Masse der IL									
0,7352	0,7797	0,5468	0,3832	0,2298	0,1975	0,0901	0,0643	0,0236	0
Molenbruch von Cu^{2+}									
0,0068	0,0041	0,0037	0,0030	0,0021	0,0017	0,0012	0,0013	0,0008	0,0009
Molenbruch von H_2O									
0,0136	0,3432	0,6026	0,7678	0,8786	0,9252	0,9728	0,9773	0,9934	0,9980
Molenbruch der IL									
0,9729	0,6486	0,3901	0,2262	0,1172	0,0715	0,0249	0,0201	0,0047	0

Tabelle 6: Massen [g] und Molenbrüche der Komponenten $CuCl_2 \cdot 2H_2O$, H_2O, [ButMeIm]Cl

3.2.3 Thermoanalyse

Um einen Einblick in die Thermostabilität der Ils zu erhalten, wurden Thermoanalysen durchgeführt. Exemplarisch wurde zunächst das [HexMeIm]BF$_4$ untersucht. In Abbildung 15 ist der Verlauf der Analyse dargestellt. Die Temperatur wurde zwischen 23°C und 270 °C variiert, wodurch der DTA-Graph kontinuierlich mit positivem Anstieg verläuft. Grund dafür ist die externe Energiezufuhr. Aus chemischer Sicht betrachtet, lässt sich kein diskreter Prozess feststellen. Im Folgenden wird beschrieben, dass diese ionische Flüssigkeit bis mindestens 270 °C eine hohe Thermostabilität aufweist und einen sehr geringen Dampfdruck besitzt. Der obere Graph (TG) des Diagramms beschreibt einen Massenverlust ab 51 °C, jedoch beträgt dieser bis zur Temperatur von 270 °C 0,24 % der Gesamtmasse. Zeitgleich verläuft die Abgabe von Wasser (m18) und erreicht sein Maximum bei ca. 235 °C. Das bedeutet, dass der Wassermassenverlust den größten Anteil am Gesamtmassenverlust besitzt. Der endotherme Prozess der Wasserabgabe ist aufgrund der geringen Menge nicht messbar gewesen. In zehnfacher Vergrößerung ist der Nachweis der Abgabe organischer „Reste" dargestellt (m27, m43), welche in zu vernachlässigender Konzentration zum Messbeginn vorliegen. Ab einer Temperatur von ca. 200 °C zerfiel die ionische Flüssigkeit anteilig in diese organischen Reste. m27 entspricht einem $C_2H_3^+$-Rest und m43 entspricht einem $C_3H_7^+$-Rest. Das [HexMeIm]BF$_4$ besaß laut dem Hersteller Io – Li - Tec eine Reinheit von 99 %. Das restliche Prozent besteht im Wesentlichen aus Wasser. Das bestätigt die Thermoanalyse. Die folgende Thermoanalyse wird zeigen, dass auch das [ButMeIm]Cl wasserhaltig ist. Da sich die Cu^{2+} - Spezies nicht in ausreichendem Maße monomer bzw. fast gar nicht lösten und die Lösungstendenz erst durch Wasserzusatz erhöht werden musste, wurden die Ils, wie vom Hersteller erhalten, verwendet.

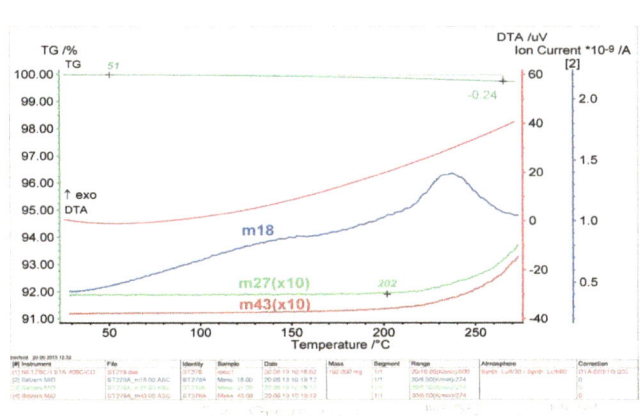

Abbildung 15: Thermoanalyse von [ButMeIm]BF$_4$

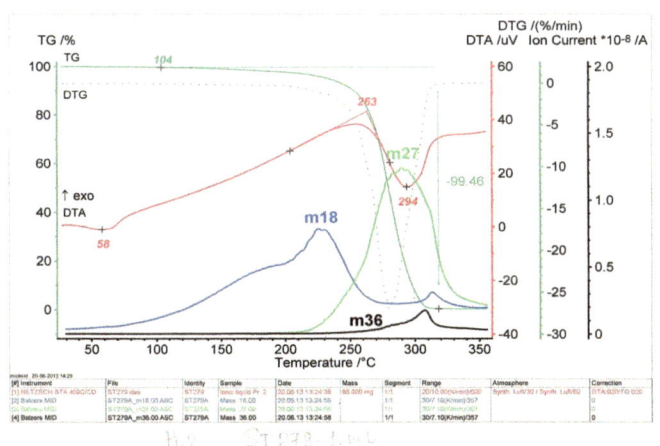

Abbildung 16: Thermoanalyse von [ButMeIm]Cl

23

Weiterhin wurde das [ButMeIm]Cl untersucht (Abbildung 16), wobei das Temperaturintervall zwischen 23 °C und 350 °C verlief. Der TG Graph beginnt ab 104 °C stärker zu fallen. Die Substanz begann ab ca. 260 °C in die Gasphase überzugehen und zersetzte sich teilweise. Ab ca. 300 °C betrug der Gesamtmassenverlust nahezu 100 %. Damit ist eine deutliche geringere Thermostabilität als beim [HexMeIm]BF$_4$ gezeigt.

Unter Betrachtung des DTA-Graphen ist bei 58 °C ein kleiner endothermer Peak festzustellen. Dieser Sachverhalt kann mit der Abgabe von Wasser einhergehen. Mit steigender Temperatur nahm die Abgabe von Wasser und Chlorwasserstoff (m18 und m36) zu. Der Maximalwert ergab sich für die Wasserabgabe, wie beim HexMeImBF4, bei ca. 230 °C. Ebenso vergleichbar ist die entsprechende Kurvenform. Es ist möglich diese Parallelität darauf zurückzuführen, dass das Wasser in beiden Fällen in den unterschiedlichen ILs ähnlich in der Matrix lokalisiert bzw. gebunden ist.

Eine weitere Auffälligkeit im m18 Graph ist bei einer Temperatur von 310 - 315 °C zu sehen. Die deutlich höhere Energiezufuhr führte dazu, dass auch stärker gebundenes Wasser abgegeben werden konnte. Daraus schließend gibt es vermutlich zwei Arten, Wasser in der ionischen Flüssigkeit zu binden.

Der endotherme Effekt, welcher bei 263 °C einsetzte und bei 294 °C endete, korreliert eindeutig mit der Freisetzung des organischen Restes (C$_2$H$_3^+$). Die Verdampfungswärme des Wassers im Temperaturbereich um 230 °C ist durch die geringe Konzentration nicht festzustellen. Das Vorhandensein des Wassers lässt sich auf die starke hygroskopische Wirkung der ionischen Flüssigkeit zurückführen.

Die zwei diskutierten Analysen sind in sofern vergleichbar, als das die Ils jeweils wasserhaltig sind und bei höheren Temperaturen einen deutlich messbaren Dampfdruck besitzen und in organische Reste freigesetzt werden. Um mehr über die Funktion des Wassers und des Kupfers in der Lösung zu erfahren, wurde eine weitere Thermoanalyse durchgeführt. Während zuvor reine ionische Flüssigkeiten untersucht wurden, ist in Abbildung 17 eine Messung von [ButMeIm]Cl mit Wasser und CuCl$_2$·2H$_2$O (Probe Nr. 5, x_{H2O}=0,879, x_{II}=0,117, $x_{Cu(2+)}$=0,002) abgebildet. Der Temperaturbereich erstreckte sich von 23 °C bis 300 °C. Bei 100 °C fand ein Massenverlust von ca. 20 % statt. Parallel dazu erfolgte die Wasserabgabe. Weiterhin zeigt es sich, dass nach den zwei Abgabeprozessen des Wassers der gesamte Massenverlust auf über 40 % stieg. Im nachfolgenden Temperaturbereich ist der Massenverlust geringer. Des Weiteren zersetzte sich die ionische Flüssigkeit in organische Reste und Chlorwasserstoff. Verglichen mit dem [ButMeIm]Cl – Befunden lagen die Maxima der Wasserverdunstung näher beieinander.

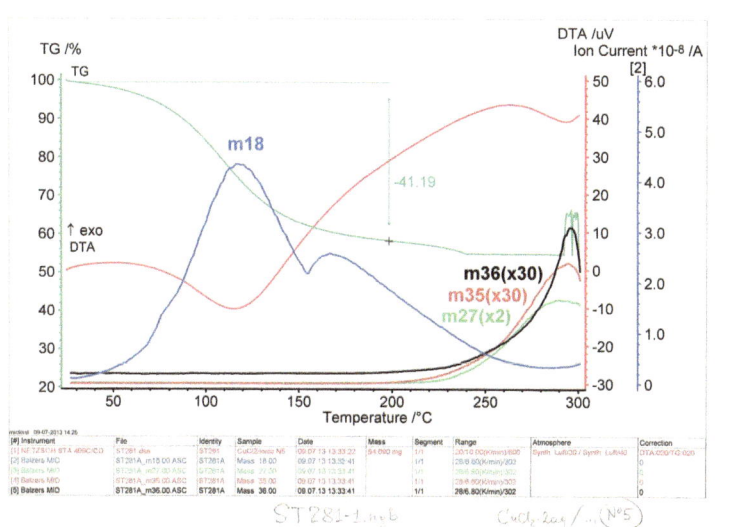

Abbildung 17: Thermoanalyse von CuCl₂·2H₂O in [ButMeIm]Cl (Probe 5)

4 Diskussion

Eine Problematik der Arbeit bestand darin, die Kupfersalze molekular zu lösen, um sie dann im X - Band zu vermessen. Die bessere Löslichkeit von $Cu(I)BF_4$, $Cu(BF_4)_2$ und $CuCl_2$ im Vergleich zu den restlichen untersuchten Salzen zeigte sich in den erhaltenen Spektren. Die Löslichkeit aller untersuchten Salze konnte durch (thermische) Energiezufuhr gesteigert werden. Dadurch könnten Aktivierungsenergien erreicht worden sein, die chemische Reaktionen der Il bzw. der Il mit Metallionen ermöglichten.

Die Cu^{2+}- Proben eignen sich für ESR - Messungen, da ihr Vier - Linien - Spektrum (I= 3/2) Informationen zur Struktur liefert. Aus der vermessenen und simulierten Probenreihe (vgl. Kapitel 3.2.1) wird im Folgenden die Struktur der Cu^{2+}- Umgebung abgeleitet (vgl. Tabelle 5).

Für alle Proben, bis auf Probe 9 gilt: g(x) = g(y). Das heißt, dass nur die Cu^{2+} - Umgebung in der Probe 5 rhombisch, verzerrt vorliegt. Außerdem zeigt sich, dass bei Probe 9 die Hyperfeinkopplungs-Konstanten A_{xx} und A_{yy} unterschiedlich sind. Das bekräftigt die Asymmetrie

25

in der x-y-Ebene.

Die Cu^{2+} - Umgebungen der Proben 1-8 liegen axial - symmetrisch, oktaedrisch vor. Die g(z)-Werte der Proben 1, 2, 3, 4, 7, 8, 9 sind identisch und der g(z) - Wert der Probe 5 ist ähnlich. Auffälligkeiten in den g(z)-Werten zeigen die Proben 6 und 10. Hier nimmt möglicherweise die Streckung des Polyeders in z-Richtung ab. Des Weiteren ergaben sich aus der Simulation der Spektren der Proben 5 und 6 keine Beträge für A_{xx} und A_{yy}. Für die Probe 10 gilt: g(x) = g(y) = g(z). Anhand dieser Parameter ergibt sich formal eine kubische Struktur der Matrix in Probe 10. Aus der Simulation ist zu folgern, dass aus der fehlenden Hyperfeinaufspaltung die Wechselwirkung zwischen Kern- und Elektronenspin des Cu^{2+} ausgemittelt wird. Dieser Effekt ist für Cu - H_2O - Komplexe typisch.

Werden die verschiedenen Molenbrüche von Wasser und [ButMeIm]Cl mit der Veränderung der Spektren der Probenreihe verglichen, so ergeben sich folgende Aussagen:

- Im Bereich von 1/10 des Verhältnisses Il/Wasser verringert sich (formal) die Streckung in z-Richtung.

- Bei einem Verhältnis von 1/250 tritt eine rhombische Verzerrung auf.

- Asymmetrien in den Linienbreiten (x und y Richtung) wurden für $x_{H20} < x_{Il}$ festgestellt.

Die Abbildung 13 stellt die vermessenen Spektren der Probenreihe im L - Band ESR dar. Ab dem sechsten Spektrum wurde bei der Geräteabstimmung die Phase gedreht. Das beeinträchtigt nicht den Informationsgehalt der Spektren. Alle Spektren weisen auf eine Cu^{2+} - Resonanz hin, die aufgrund von Überlagerungen aus einer breiten Linie besteht. Der g - Faktor aller Spektren ist der Durchschnitt der g(x)-, g(y)- und g(z) - Werte und lag konstant bei g ~ 2,2 und bestätigt die Existenz von Cu^{2+}.

Die Blaufärbung der Kupfersalze in wässrigen Lösungen deckt sich mit bisherigen Erfahrungen. Bei einem niedrigerem Molenbruch von Wasser ($x_{H2O} < 0,92$) war eine gelbe Farbintensivierung festzustellen (vgl. Abbildung 17). Eine ähnlich Beobachtung wurde in einer Publikation über Cu(I) - Oxid formuliert.[43] Demnach enthalten „[...] die dunkleren Präparate [...] noch weniger Wasser." Außerdem steht die Farbe in Abhängigkeit der Teilchengröße. Die Größe der Oxidteilchen nahm mit hellerer (gelber) Farbe ab.

In den Experimenten dieser Arbeit wurden hauptsächlich Kupfer(II)salze gelöst. Sollte ein Zusammenhang zwischen der Gelbfärbung und dem Cu(I) - Oxid bestehen, so war die ionische Flüssigkeit für die Reduktion der Cu^{2+} verantwortlich. Da ähnliche Beobachtungen bei den Ils HexMeIm]BF_4, [MePropIm]PF_6 und [HexMeIm]PF_6 gemacht wurden und die Gemeinsamkeiten aller Flüssigkeiten im disubstituierten Imidazol bestehen, sollte der Grund der Reduktion hier zu lokalisieren sein.

4.1 Vergleich mit Lösungen von Fe^{3+} - Spezies in Ils

Zur Erläuterung des Verhaltens des Cu^{2+} in Ils wird in diesem Kapitel aus Vergleichsgründen der physikalische und chemische Einfluss von Fe^{3+} in diesen Flüssigkeiten diskutiert. Die Publikation „Physical and Chemical Response of $FeCl_3/FeCl_4^-$ Spin Probes on the Functionalizing of Ionic Liquids"[44] dient als Grundlage der folgenden Aussagen.

Die Publikation beschreibt Untersuchungen von $FeCl_3$ und $FeCl_4^-$ in Bezug auf die Wechselwirkungen mit Ils. Ziel war es Spektren aufzunehmen, zu analysieren und sie zu simulieren. Dadurch lassen sich Aussagen über den Einfluss der Substituenten der Ils machen. Außerdem ergaben sich Einblicke in die Löslichkeit von Übergangsmetallionen.

Verwendet wurden die ESR - Spektroskopie und ein „model kit" für die Simulationen. Die nachfolgenden Abbildungen zeigen entsprechende Fe^{3+} - Spektren.

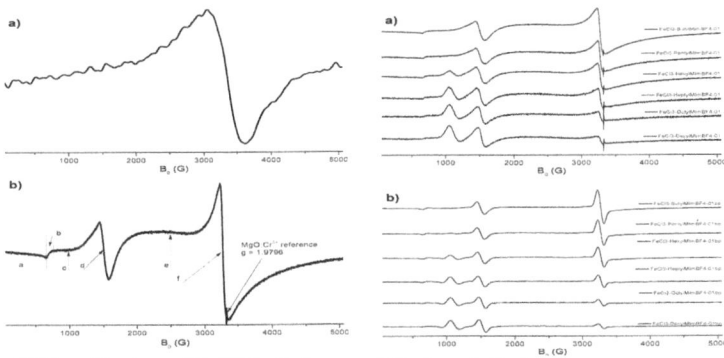

Abbildung 18: Ausgewählte ESR - Spektren von Fe^{3+} - Ionen in Ils [44]

Das erste Spektrum zeigt $FeCl_3$ in [ButMeIm]BF_4 bei Raumtemperatur. Deutlich zu erkennen ist nur eine Linie. Die Messung bei 77 K ergibt eine Aufspaltung. Die zwei rechten Spektren beschreiben eine Veränderung der Linienbreite, der Intensität und Aufspaltung in Abhängigkeit von der Länge der Alkyl - Kette. Des Weiteren haben Lösungsmittel wie DMSO, Ethanol, Methanol einen Einfluss auf den g - Wert des Fe^{3+}- Signals. Ein weiteres Resultat ist, dass die Variation der Seiten-Kettenlänge die Nullfeldaufspaltung und den g - Faktor verändert. BF_4^- Anionen führen zu stärkeren Intensitäten der Signale bei g ~ 6.

27

Die Diskussion der Ergebnisse basiert auf den verschiedenen Anionen und Kationen sowie den Seitenketten des Kations einer IL. Aufgrund der Wechselwirkungen in den Ils ergibt sich eine komplexe Struktur. Sinngemäß heißt es: Die komplexe Struktur der Ils erlaubt es, eine molekulare Kontrolle über die Eigenschaften in der flüssigen Phase zu haben. Das wird erreicht, indem das Kation funktionalisiert wird. Darüber hinaus sollte entweder das Anion oder Kation amphiphil sein, um geladene und ungeladene Teilchen zu berücksichtigen.

Darüber hinaus können Ils einen Einfluss auf chemische Reaktionen haben. Die Diskussion der Publikation zeigt diverse Möglichkeiten auf, wie die Eisenspezies in den Ils gebunden sein können, da sich regionale Domänen ausbilden. Es werden Aussagen zur Struktur der Matrix gemacht, welche oktaedrisch, rhombisch verzerrt vorliegt.

5 Zusammenfassung

Der momentan geringe Erkenntnisstand des Verhaltens von Cu^{2+} in ionischen Flüssigkeiten und die veränderbaren Eigenschaften der ionischen Flüssigkeiten rechtfertigen die Bemühungen zu dieser Arbeit. Es wurden Kupfersalze in Ils gelöst und mit Hilfe der Elektronenspinresonanzspektroskopie wurde die Wechselwirkung zwischen Cu^{2+} und den Ils untersucht. Aus Vergleichsgründen wurden auch einige Mangan(II)salze untersucht. Die Messungen wurden bei 77 K und $T \geq 293$ K durchgeführt. Die Tief – Temperatur - Messungen ergaben teilweise gut aufgelöste Spektren, welche exemplarisch simuliert wurden.

Der experimentelle Teil bestand darin, ausreichende Cu^{2+} - Konzentrationen in Lösung zu bringen, die Proben zu vermessen und gegebenenfalls Aussagen zur Cu^{2+} - Umgebungen zu treffen. Dabei stellte die geringe Löslichkeit der Kupfersalze in den untersuchten Ils ein Problem dar. Die Zufuhr thermischer Energie führte dazu, dass die Salze anteilig gelöst wurden. Die aufgenommenen Spektren zeigten, dass sich die Löslichkeit (in molekularer Form) nur wenig verbessern ließ.

Wichtig bei der Probenpräparation war es, den richtigen Durchmesser der Quarzröhrchen auszuwählen, um dielektrische Verluste im Resonator zu verringern. Außerdem stellte es sich heraus, dass in der verwendeten Knete zum Verschließen der Quarzröhrchen Mn^{2+}-Verunreinigungen vorlagen. Mn^{2+} ist paramagnetisch und lässt sich im Spektrum identifizieren.

Bei der Vermessung der Proben war darauf zu achten, dass eine ausreichende Empfindlichkeit nach Abstimmung der Mikrowellenbrücke vorlag. Die Aufnahmezeit der Spektren erstreckte sich von 30 s bis zu 5000 s.

Die Simulation und damit die Auswertung der Spektren erfolgte mit Hilfe der Programme

WINEPR Simfonia (Firma Bruker) und Analysis (Firma Magnettech). Die Linienbreite, -form, -anzahl und -position konnten im Allgemeinen simuliert werden.

Untersucht wurden die Salze $MnCl_2$, $Mn(Ac)_2$, MnPc, CuI_2, $Cu(Ac)_2$, $CuCl_2$, $CuCl_2 \cdot 2H_2O$, Cu(I) $(BF_4)_2$, $Cu(PF_6)_2$, CuPc in [ButMeIm]Cl, [HexMeIm]BF_4, [MePropIm]PF_6, HexMeIm]PF_6, [EtNH4]NO_3, [EtMeIm]MeF_3HSO_3 in Lösung.

Darüber hinaus wurde eine Probenreihe erstellt. $CuCl_2 \cdot 2H_2O$ wurde in Mischungen mit unterschiedlichen Molenbrüchen von Wasser zu [ButMeIm]Cl vermessen. Die Spektren wurden im X - Band und im L - Band aufgenommen. Die X - Band - Messungen lieferten bei 77 K die Spektren, welche exemplarisch simuliert wurden.

Der Erkenntnisgewinn aus den Simulationen, den Lösungen und Versuchen lässt sich wie folgt kurz zusammenfassen:

- Der $[Cu(H_2O)_6]^{2+}$ - Komplex besitzt aufgrund seiner hohen Symmetrie Sondencharakter in IL/Wasser -Mischungen

- Die anteilige Wechselwirkung des Cu^{2+} - Ions mit Bestandteilen der Il wird direkt durch die entsprechenden ESR - Spektren angezeigt.

- Die Cu^{2+} - Umgebung in Ils ist im Wesentlichen axial - symmetrisch. Ein Wassereinfluss führt teilweise zu einer rhombischen Verzerrung.

- Die verwendeten Kupfersalze lösten sich nicht gut in den untersuchten Ils. Unter dem Aspekt ionische Flüssigkeiten als Designer Solvents, können die Lösungseigenschaften der Ils insofern verändert werden (Anion-Variation oder Veränderung in der Alkyl - Länge des Imidazoliums), dass bei Kupfer-Synthesen das Kupfer entweder ausfällt oder in Lösung geht.

- Die Kombination [Kation]X^- einer Il und das Kupfersalz CuX_Y kann zu einer besseren Löslichkeit des Salzes führen.

- Die Gelbfärbung der Proben der Probenreihe können auf eine Reduktion von Cu^{2+} zu Cu^+ hinweisen.

6 Selbständigkeitserklärung

Hiermit versichere ich, dass ich die vorliegende Bachelorarbeit selbständig verfasst und keine anderen als die angegebenen Quellen und Hilfsmittel verwendet habe.

Berlin, den   Unterschrift:

Tabellenverzeichnis

Abbildungsverzeichnis

7 Danksagung

An erster Stelle bedanke ich mich bei Herrn Prof. Dr. R. Stößer für seine einzigartige, kompetente und allzeit bereite Betreuung. Vielen Dank für die lehrreichen Momente und die Bereitstellung jeglicher Materialien und Geräte.

Ein großer Dank geht auch an Dr. M. Feist für die Thermoanalysen, welche interessante Einblicke lieferten.

Daneben gilt mein Dank all denjenigen, die mich während des Studiums und besonders zur Anfertigung dieser Bachelor - Arbeit unterstützt und motiviert haben.

8 Anhang

Einzelnachweise

1 Welsch,N.; Liebmann, C. Farben: Natur, Technik, Kunst, Spektrum Akademische Verlag, 2012, 3. Auflage, S. 292
2 Holleman, A. F.; Wiberg, E. Lehrbuch der Anorganischen Chemie, Walter de Gruyter Verlag, 1995, 101. Auflage, S. 126
3 http://www.chemie.de/lexikon, 12.07.2013, 12:02 Uhr
4 Letcher, T.M. Chemical thermodynamics for industry, The Royal Society of Chemistry, 2003, S. 82
5 Bullinger, H.J.Technologieführer Grundlagen Anwendung Trends, Springer Verlag, 2007, S. 425
6 http://www.uni-tuebingen.de/uni/coz/history/paul_walden/paul_walden.htm, 30.07.2013, 00:42 Uhr
7 Schlüsselwort „ioniq liquids" mit Scifinder von http://www.ltc1.uni-erlangen.de/forschung/ionische-fluessigkeiten/, 20.07.2013, 12:48 Uhr
8 Wasserscheid, P.; Keim, W. Ionische Flüssigkeiten-neue „Lösungen" für die Übergangsmetallkatalyse, Angewandte Chemie, Wiley VCH, 2000, 112, 3926 - 3945
9 Sun, W.; Sanders, J. R.; Hussey, C. L. Electrochemistry of Iron(III) and Titanium(IV) in the Basic AlBr$_3$ 1-Methyl-3-ethylimidazolium Bromid Ionic Liquid, Journal of the Electrochemical Society, 1989, Vol. 136, No. 5
10 Wasserscheid, P.; Keim, W. Ionische Flüssigkeiten - neue „Lösungen" für die Übergangsmetallkatalyse, Angewandte Chemie, Wiley VCH, 2000, 112, 3926 - 3945
11 http://www.basf.com/group/corporate/de/innovations/publications/innovation-award/2004/basil, 30.07.2013, 00:40 Uhr
12 http://www.iolitec.de/Ionische-Flussigkeiten/ils-fuer-die-elektrochemie.html, 30.07.2013, 00:40 Uhr
13 http://www.welt.de/wissenschaft/article13601451/Traum-von-der-Superbatterie-koennte-wahr-werden.html, 30.07.2013, 00:42 Uhr
14 http://www.kit.edu/downloads/Forschen-Intranet/07_Tuebke_WorkshopLIB_CF_ANM_100610.pdf, Seite 19, 10.06.2013, 13:10 Uhr
15 Schubert, T. Ionische Flüssigkeiten und Nanomaterialien- eine interessante Symbiose, Chemie Ingenieur Technik, Wiley VCH, 2011, No. 9, 1468 – 1475
16 Wasserscheid, P.; Welton, T. Ionic liquids in synthesis, Wiley VCH, 2008, second edition, Vol. 1, S.1
17 Freemantle, M. An Introduction to ionic liquids, RSC Publishing, 2010, S. 1
18 Seddon, K. Influence of chloride, water, and organic solvents on the physical properties of ionic liquids, Pure Appl. Chem., 2000, Vol. 72, No. 12, 2275 – 2287
19 Kirchner, B. Ionic Liquids,Topics in Current Chemistry, Springer Verlag, 2009, S. 1
20 Freemantle, M. An Introduction to ionic liquids, RSC Publishing, 2010, S. 35
21 Cabeza, O.; Garabal, S.; Segade, L.; Perez, M.; Varela, L. Physical Properties of Binary Mixtures of Ils with Water and Ethanol. A Review, Universität von Coruna, INTECH open science, 2011
22 Wasserscheid, P.; Welton, T. Ionic liquids in synthesis, Wiley VCH, 2008, second edition, Vol. 1, S. 63
23 Wasserscheid, P.; Van Hal, R.; Bosmann, A. Green Chemistry, 2002, 4, S. 400 - 404 aus: Wasserscheid, P.; Welton, T. Ionic liquids in synthesis, Wiley-VCH, 2008, second edition, Vol. 1,S. 64
24 Hodgson, P.K.G; Morgan, M.L.M.; Ellis, B.; Abdul-Sada, A.A.K.; Atkins, M.P.; Seddon, K.R. US Patent, 5994602, 1999 aus: Wasserscheid, P.; Welton, T. Ionic liquids in synthesis, Wiley VCH, 2008, second edition, Vol. 1, S. 64
25 Mendelson, W.L.; Spainhour, C.B.; Jones, S.S.; Lamb, B.L.; Wert, K.L. Tetrahedron Lett. 1980, 21, 1393 - 1396 aus: Wasserscheid, P.; Welton, T. Ionic liquids in synthesis, Wiley VCH, 2008, second edition, Vol. 1, S. 64
26 Roth, C.; Peppel, T.; Fumino, K.; Köckerling, M.; Ludwig, R. Die Bedeutung von Wasserstoffbrücken für die Struktur ionischer Flüssigkeiten- Einkristall-Röntgenstrukturanalyse, sowie Transmissions-und ATR Spektroskopie im Tertahertz-Bereich, Angewandte Chemie, Wiley VCH, 2010, 122, 10419 - 10423

Einzelnachweise

27 Wasserscheid, P.; Welton, T. Ionic liquids in synthesis, Wiley VCH, 2008, second edition, Vol. 2, S. 684

28 Stolte, S.; Arning, J.; Thöming, J. Biologische Abbaubarkeit von ionischen Flüssigkeiten – Testverfahren und strukturelles Design, Chemie Ingenieur Technik, Wiley VCH, 2011, 83, No. 9, 1454 – 1467

29 Brockhaus abc Physik Band m-z, VEB Brockhaus Verlag, 1973, S. 1113

30 Zitat aus: Lehrbuch der Experimentalphysik Band 4, Teilchen; Bergmann, Schaefer, de Gruyter Verlag, 1992, S. 702

31 Zehl, A.; Stößer, R. Praktikum Skript Physikalische Chemie: Magnetische Resonanz, WS 2006/2007

32 Brockhaus abc Physik Band m - z, VEB Brockhaus Verlag, 1973, S. 1587 und 1292, Abb.: S. 1115

33 Brockhaus abc Physik Band m - z, VEB Brockhaus Verlag, 1973, S. 1310

34 Wyard, S.J. Elektronenspinresonanz und andere Spektroskopische Methoden in Biologie und Medizin, Akademie-Verlag-Berlin, 1973, S. 2

35 Atkins, P. W. Physikalische Chemie, Wiley VCH, 2001, 3. Auflage, S. 389

36 Bergmann, L.; Schaefer, C. Lehrbuch der Experimentalphysik Teilchen; de Gruyter Verlag, Band 4, 1992, S. 144

37 Wyard, S. J. Elektronenspinresonanz und andere Spektroskopische Methoden in Biologie und Medizin, Akademie Verlag Berlin, 1973, S. 12 ff

38 http://www.chemie.uni-mainz.de/Praktikum/AC/ACF/Dateien/ESR_I__WS0809.pdf, 01.08.1013, 12:30 Uhr

39 Bergmann, L.; Schaefer, C. Lehrbuch der Experimentalphysik Teilchen; de Gruyter Verlag, Band 4, 1992, S.702 ff

40 www.uni-muenster.de/Chemie.oc/service/nmr-old/esr.pdf, 31.07.2013, 13:00 Uhr

41 www.chemicalbook.com/ChemicalProductProperty_DE_CB5114025.htm, 01.08.1013, 12:30 Uhr

42 www.chemicalbook.com/ChemicalProductProperty_EN_CB1442029.htm, 01.08.1013, 12:30 Uhr

43 Straumanis, M.; Cirulis, A. Über das gelbe Kupfer(I)-Oxid, Zeitschrift für anorganische und allgemeine Chemie, Wiley VCH, 1935 Vol. 224, Issue 1, S. 107 - 112

44 Stößer, R.; Herrmann, W. Physical and Chemical Response of $FeCl_3/FeCl_4^-$ Spin Probes on the Functionalizing of Ionic Liquids, The Journal of Physical Chemistry, J. Phys. Chem. A, 2013, 117 (19), pp 3960 – 3971